前　言

CH/T 3007《数字航空摄影测量　测图规范》与《数字航空摄影规范》、《IMU/GPS 辅助航空摄影技术规范》、GB/T 23236《数字航空摄影测量　空中三角测量规范》、CH/T 3006《数字航空摄影测量　控制测量规范》共同构成支撑数字航空摄影测量工作的系列标准。

CH/T 3007《数字航空摄影测量　测图规范》分为 3 个部分：

——第 1 部分：1∶500 1∶1 000 1∶2 000 数字高程模型、数字正射影像图、数字线划图

——第 2 部分：1∶5 000 1∶10 000 数字高程模型、数字正射影像图、数字线划图

——第 3 部分：1∶25 000 1∶50 000 1∶100 000 数字高程模型、数字正射影像图、数字线划图

本部分为 CH/T 3007 的第 1 部分。

本部分的起草规则依据 GB/T 1.1—2009。

本部分由国家测绘地理信息局提出并归口。

本部分起草单位：国家测绘地理信息局测绘标准化研究所、国家测绘地理信息局第一航测遥感院、国家测绘地理信息局第三航测遥感院、西安三石软件有限责任公司。

本部分主要起草人：亢伟、邓国庆、肖学年、王占宏、蒋红兵、周一、戴文晗。

引　言

随着科学技术的发展，摄影测量已进入了基于数字化影像或数字影像进行数据处理的阶段，即数字摄影测量阶段。航空技术的飞速发展以及导航定位技术、数字航摄仪、内外业一体化等新型技术和设备的出现和发展，对传统航空摄影测量内外业产生了巨大的影响。由于生产技术路线不同，内外业各自工序不再具有清晰的界线，内外业之间有逐渐融合的发展趋势。原有航空摄影测量外业、内业规范已不适应当前的需要，相关标准的划分和层次亦需要调整。为适应当前测绘生产的技术要求和发展水平，有必要制定数字航空摄影测量规范，建立新的航空摄影测量标准体系。

本部分依据数字摄影测量当前的技术特征对数字航空摄影测量（数据源包括数字航摄影像和胶片航摄数字化影像）的测图与成果生产进行了技术约定和作业过程指导。模拟、解析航空摄影测量方法的标准规范为GB/T 7931—2008《1∶500 1∶1 000 1∶2 000地形图航空摄影测量外业规范》、GB/T 7930—2008《1∶500 1∶1 000 1∶2 000地形图航空摄影测量内业规范》。本部分只针对目前测图生产应用各类新技术后，工艺、技术、生产作业等方面发生变化的部分；对于未发生变化的部分，如果需要使用旧的技术方法，则可以继续应用上述标准中相关部分的技术要求，在本部分中不再重复规定。

数字航空摄影测量　测图规范 第1部分:1∶500 1∶1 000 1∶2 000 数字高程模型 数字正射影像图 数字线划图

1　范围

CH/T 3007 的本部分规定了基于框幅式航空摄影的数字航空摄影测量测图生产的作业内容、技术要求。

本部分适用于采用数字航空摄影测量方法的 1∶500、1∶1 000、1∶2 000 数字高程模型、数字正射影像图、数字线划图生产作业。基于推扫式航空摄影的测图生产可以参照执行。

2　规范性引用文件

下列文件对于本文件的应用是必不可少的。凡是注日期的引用文件,仅注日期的版本适用于本文件。凡是不注日期的引用文件,其最新版本(包括所有的修改单)适用于本文件。

GB/T 6962　1∶500 1∶1 000 1∶2 000 地形图航空摄影规范

GB/T 13923　基础地理信息要素分类与代码

GB/T 18316　数字测绘成果质量检查与验收

GB/T 20257.1　国家基本比例尺地图图式　第1部分:1∶500 1∶1 000 1∶2 000 地形图图式

GB/T 20258.1　基础地理信息要素数据字典　第1部分:1∶500 1∶1 000 1∶2 000 基础地理信息要素数据字典

GB/T 23236　数字航空摄影测量　空中三角测量规范

GB/T 24356　测绘成果质量检查与验收

CH/T 1001　测绘技术总结编写规定

CH/T 1004　测绘技术设计规定

CH/T 1007　基础地理信息数字产品　元数据

CH/T 9008.1　基础地理信息数字成果　1∶500 1∶1 000 1∶2 000 数字线划图

CH/T 9008.2　基础地理信息数字成果　1∶500 1∶1 000 1∶2 000 数字高程模型

CH/T 9008.3　基础地理信息数字成果　1∶500 1∶1 000 1∶2 000 数字正射影像图

3　总则

3.1　成果要求

依据本部分生产的数字高程模型应符合 CH/T 9008.2 的规定,数字正射影像图应符合 CH/T 9008.3 的规定,数字线划图应符合 CH/T 9008.1 的规定。

3.2　对航摄资料的要求

3.2.1　胶片航摄资料应符合 GB/T 6962 的规定。

3.2.2　数字航摄资料根据相应的成像方式应符合数字航空摄影相关标准的规定。

3.2.3 采用惯导与全球定位系统(IMU/GPS)辅助航空摄影时,航摄资料应符合惯导与全球定位系统辅助航空摄影相关标准的规定。

3.3 对空中三角测量成果的要求

空中三角测量成果应符合 GB/T 23236 的规定。

3.4 仪器设备和软件

作业中使用的测量仪器设备应经法定计量检定合格,并在有效期内使用。测绘软件应通过检测或认可。

4 准备工作

4.1 资料收集

根据成果生产的需要,主要收集以下资料:

a) 测量控制点成果;

b) 航摄资料,主要包括:

  1) 框幅式航空摄影的航摄资料,主要有:航摄底片、像片、扫描数字化像片影像数据,数字航摄仪获取的影像数据;测区航摄略图,包括航摄分区划分、航线分布、图幅分幅;测区像片或影像索引图、航摄仪鉴定表;辅助航摄资料,包括摄站点坐标(GPS 数据)、像片姿态参数(IMU 数据)、GPS 基站数据等相关的数据或资料;航摄质量验收报告;其他有关资料。

  2) 推扫式航空摄影的航摄资料,主要有:可用于测图的影像数据;IMU/GPS 数据,GPS 基站数据;相关元数据;航摄质量验收报告;其他有关资料。

c) 空中三角测量成果,主要包括:

  1) 框标量测数据、像点观测数据、区域网平差成果等(适用于框幅式航空摄影);

  2) 定向文件、相关数据等(适用于推扫式航空摄影);

  3) 用于检查测图精度的保密点。

d) 地图资料,主要包括:

  1) 测区及周边各种比例尺的地形图及相关成果;

  2) 行政区划图、交通图、水利图等其他有关资料。

4.2 资料分析

结合测区踏勘情况,对所收集的资料进行整理和分析,主要包括:

a) 根据需要查看航摄成果验收报告,查明航摄资料的基本情况,包括航摄单位、航摄时间、摄影比例尺、航高、重叠度、航摄分区、航摄仪参数等;检查航摄资料是否齐全,航摄像片或影像是否满足需要,质量是否符合相关标准要求等,检查中发现的问题应采取适当措施进行处理。

b) 检查测图用影像数据的数量及质量,检查中发现的问题应采取适当措施进行处理。

c) 根据需要查看空中三角测量成果验收报告以及技术设计书,查明空中三角测量成果的基本情况,包括区域网划分情况、成果文件是否完整齐全、数据格式是否满足要求、精度报告等。

d) 查明地图资料的施测年代、施测单位、作业依据、平面坐标系统和高程基准、比例尺、成果精度、成图质量等,以确定其使用价值和使用方法。

e) 查看其他辅助资料,包括测区周边成图情况及周边接边数据,检查用于属性录入的各类参考资料是否齐全,是否有最新信息等。

4.3 技术设计

技术设计主要要求如下：

a) 技术设计根据项目具体情况可以与控制测量、空中三角测量合并编写，也可以独立编写；

b) 技术设计时应根据项目总体要求、资料分析结果等编写设计书；

c) 技术设计应满足本部分规定的各项技术要求，特殊情况不能达到时，应明确说明原因及处理措施，并通过项目委托单位的审核批准；

d) 技术设计的编写要求及主要内容应符合 CH/T 1004 的规定。

5 定向建模

5.1 定向

5.1.1 单模型定向精度应符合表1的规定。已有合适的数字高程模型(DEM)数据，且仅生产数字正射影像图时，高程定向精度可适当放宽。

表1 单模型定向精度要求

成图比例尺	地形类别	内定向限差/mm	相对定向限差/mm	绝对定向限差/m	
				平面	高程
1∶500	平地	0.010 (0.015)	0.015 (0.020)	0.10(0.15)	0.20
	丘陵地			0.10(0.15)	0.20
	山地			0.15(0.20)	0.26
	高山地			0.15(0.20)	0.40
1∶1 000	平地	0.010 (0.015)	0.015 (0.020)	0.20(0.30)	0.20
	丘陵地			0.20(0.30)	0.20
	山地			0.30(0.40)	0.40
	高山地			0.30(0.40)	0.75
1∶2 000	平地	0.010 (0.015)	0.015 (0.020)	0.40(0.60)	0.20
	丘陵地			0.40(0.60)	0.20
	山地			0.60(0.80)	0.60
	高山地			0.60(0.80)	0.90
注：括号内为个别点允许出现的残差值。					

5.1.2 采用已知内、外方位元素或导入空中三角测量成果，单模型定向的精度应符合表1的规定。

5.1.3 采用导入空中三角测量成果恢复立体模型，相对定向点点数较少时，可重新自动相对定向，对于难以自动相对定向的区域(如水域、森林、沙漠、戈壁、沼泽等)，应人工适当添加相对定向点。

5.2 核线重采样

如需核线重采样应满足以下要求：

a) 根据测区和项目具体情况，选取基于相对定向结果的非水平核线重采样或基于绝对定向结果的水平核线重采样；

b) 核线影像范围应根据测图定向点控制范围确定，将测图定向点包括在核线影像范围以内，且一般不应超出测图定向点连线外1 cm(以像片比例尺计)；

c) 核线重采样的方法宜采用双三次卷积内插、双线性内插等方法，重采样分辨率可采用原始影像分辨率。

6 数字高程模型生产

6.1 数字高程模型生成方法

根据技术方法和测区条件,可以采用影像相关生成的像方数字高程模型(DEM)与特征数据构不规则三角网(TIN)的方法生成DEM,也可以采用特征数据和等高线、高程注记点数据构TIN的方法生成DEM。

6.2 特征数据采集

6.2.1 特征数据采集包括特征点线、水域线面和高程推测区等信息的采集。特征点线信息不足时,应采集等高线。

6.2.2 特征数据宜按照图幅范围采集,采集时测标应切准地面进行三维坐标量测。

6.2.3 特征点(如山头、洼地、鞍部、沟心、谷底等)高程采集精度应符合高程注记点的精度要求。特征线(如山脊线、山谷线、变坡线、陡坎,以及堤坝、沟渠等的上、下沿线)高程采集精度应符合等高线的精度要求。

6.2.4 水域线面包括双线河、面状静止水域等。双线河应根据实际情况采集河岸上、下沿线,其水涯线的高程应依据上下游水位点高程进行分段内插赋值。面状静止水域采集水涯线,赋统一高程值,高程精度应符合等高线的精度要求。

6.2.5 无法准确量测高程的区域设为高程推测区,高程推测区应按照推测区区域采集范围线。

6.2.6 特征点线稀少区域应适当加测规则散点,规则散点采集间距应根据实际情况在技术设计中明确。

6.2.7 在模型重叠区采集时应兼顾模型接边,在图幅接边处应保证特征线面无缝接边。

6.2.8 高程推测区、无要素分类代码的特征点线在技术设计中应明确要素分类代码。

6.2.9 道路、构筑物等地物要素与周围地形高程差异较大时,宜闭合采集道路、构筑物等地物要素地形突变处的边界线。各边界线应独立封闭,不同边界线不应相交。

6.3 数字高程模型生成

DEM生成应满足以下要求:

a) DEM格网大小应符合CH/T 9008.2的规定;

b) 宜使用特征数据,等高线、高程注记点数据等参与DEM的生成;

c) 宜构TIN生成DEM;

d) DEM生成可根据所采用方法按以下要求进行:

  1) 可通过影像相关生成像方DEM,并与立体模型叠合进行检查和像方编辑,对偏离地面的像方DEM点高程进行编辑修改,需要时可加测特征点线,使像方DEM点切准地面,真实反映地貌形态,林区无法切准地面时,应加植被高度改正。然后利用像方DEM格网点及特征数据的高程构TIN。

  2) 可直接利用所采集的特征数据、等高线和高程点构TIN。将TIN与影像匹配进行检查。对匹配不好区域加测特征点线,用量测点内插的方式消除误差,然后重新构TIN,最终使所构TIN的每个三角形都贴于地面,且无不合理的三角形。

  3) 按CH/T 9008.2规定的格网间距,由TIN通过插值处理生成规则格网的DEM。

6.4 DEM检查和编辑

将DEM套合到立体模型上,检查点位是否切准地面,DEM是否真实地反映地貌形态。当高程差大于1倍高程中误差时，应进行修测。面状水域的DEM格网点高程应符合水面高程特征及规律。

6.5 接边镶嵌

6.5.1 DEM接边，应保证不少于2排同名格网点。当同名格网点高程差小于2倍高程中误差时，取平均值作为同名格网点最终高程；大于2倍高程中误差时，应分析原因，检查DEM数据、特征数据是否切准地面，以修改或重新生成DEM，符合要求后重新接边。

6.5.2 对DEM进行镶嵌，检查有无漏洞，确保无缝拼接。

6.6 图幅裁切

按CH/T 9008.2规定的范围裁切DEM数据，生成以图幅为单元的DEM。

7 数字正射影像图生产

7.1 纠正

利用精度满足CH/T 9008.2规定的数字高程模型数据，对影像数据进行数字微分纠正，生成像片数字正射影像。纠正范围选取像片的中心部分，同时保证像片之间有足够的重叠区域进行镶嵌。平地、丘陵地一般采用隔片纠正，居民地密集区采用逐片纠正，山地、高山地一般采用逐片纠正。

检查像片数字正射影像的影像质量，对影像模糊、错位、扭曲、变形、漏洞等问题及现象，应查找和分析原因，并进行处理。对高架桥、立交桥、大坝等引起的影像拉伸和扭曲应进行必要的处理。

7.2 匀色及影像处理

对影像进行色彩、亮度和对比度的调整处理。匀色处理应缩小影像间的色调差异，使影像色调均匀、反差适中、层次分明，保持地物色彩不失真。处理后的影像上不应有匀色处理的痕迹。

对影像中的脏点、划痕等问题及现象，应查找和分析原因，并进行相应的影像处理。

7.3 镶嵌

对相邻的像片数字正射影像应检查镶嵌的接边精度是否符合CH/T 9008.3的规定，误差超限时应返工处理。镶嵌的接边差符合要求后，选择镶嵌线进行镶嵌处理。镶嵌线应避开大型建筑物和影像差异较大的地方，尽量选择线状地物，一般可选择河、路、沟、渠、田埂等的边沿。镶嵌后的影像应确保无明显拼接痕迹，过渡自然，纹理清晰。

7.4 图幅裁切

按CH/T 9008.3规定的范围裁切数据，生成图幅数字正射影像。相邻图幅之间色彩、亮度和对比度应一致。

7.5 整饰

按CH/T 9008.3和技术设计的要求进行图廓整饰。

8 数字线划图生产

8.1 要素的表示与取舍

在调绘、立体测图、数据编辑时均涉及要素的表示与取舍。要素表示与取舍应以满足用图需要为前提，以要素重要程度、图面负载量，以及保持实地特征、兼顾地域特点为原则。表示与取舍除应符合GB/T 20257.1的有关规定外，还应遵守下列规定：

a) 河流、湖泊、水库、水渠及附属构筑物(如涵、闸、堤、坝、渡槽等)应按实际形状准确表示。河流应测记水流方向；渠道系统应表示完整；堤、坝应测顶部及坡脚高程；泉应测出水口高程；井应测井口高程，并根据需求测井口至水面的深度。

b) 各类建筑物、构筑物及主要附属设施应按实地轮廓逐个表示。临时建筑物可舍去，建筑物、构筑物轮廓凹凸在图上小于0.5 mm时可综合表示。

c) 道路应准确表示类别、附属设施的结构和各级道路之间的通过关系。道路系统应表示完整，路面种类变换分界处应表示清楚，丘陵、山地以及偏僻地区的小路应详尽表示。水运和海运航行标志、河流的通航情况应正确表示。

d) 管线应准确反映类别、实地点位和走向特征。管线直线部分的支架线杆和附属设施密集时，可适当取舍。

e) 地貌表示应准确反映各种地貌特征、地性线和变换点的真实形态。地貌一般以等高线表示，当特征明显的地貌不能用等高线表示时，应以符号表示。山顶、鞍部、凹地、山脊、谷底及倾斜变换处，应测记高程点。

f) 陡坎、斜坡的比高小于1/2等高距，或在图上长度小于5 mm时，可舍去，如果坡、坎较密，亦可适当取舍。

8.2 作业模式

基于数字航空摄影测量方法的1∶500、1∶1 000、1∶2 000数字线划图宜采用先内后外的作业模式生产，即先立体测图，然后结合立体测图成果进行调绘，最后进行数据编辑。必要时，在数据编辑后可进行补调。立体测图、调绘和数据编辑也可以相互交叉进行。

8.3 立体测图

8.3.1 立体模型的测图范围不应超出该模型测图定向点连线外1 cm(以像片比例尺计)，且离像片边缘不小于1.5 cm。自由图边的图上应测出图廓外1 cm。

8.3.2 立体测图对能够准确判读的地物、地貌要素，应全部采集，对不能准确判读的要素(包括隐蔽地区、阴影部分和小的独立地物)应尽量采集，并做出标记，由调绘确定。

8.3.3 影像不清晰、要素不确定而无法采集时，用特殊符号标记，以便进行实地补测或补调。

8.3.4 要素采集宜首先采集水系、道路、居民地，再采集其他要素。基础控制点宜按坐标准确导入。

8.3.5 要素采集的平面位置精度和高程精度应符合CH/T 9008.1的规定。要素的几何类型和空间拓扑关系应正确。点状要素采集要素定位点；线状要素采集定位线，且应保持连通性，相交处应形成结点，不应自重叠、自相交；面状要素采集外围轮廓线，并闭合。有向点和有向线的方向应正确。公共边宜以主要要素为准采集一次，次要要素的公共边拷贝生成。

8.3.6 要素采集应不移位、无错漏。

8.3.7 河流、溪流、湖泊、水库等水涯线，宜按摄影时的水位采集。图上宽度小于0.5 mm的河流、沟渠宜采集为单线。

8.3.8 采集房屋和街区轮廓时，应切准房角或轮廓拐角后打点连线，准确采集外围轮廓，反映建筑结构特征。

8.3.9 道路数据采集时应正确处理道路的相交关系及与其他要素的关系，道路相交处应形成结点，道路应走向明确，衔接合理。公路与其他双线道路应按实际宽度依比例尺采集。道路采集时，应同时采集道路范围内的绿地或隔离带。

8.3.10 地貌采集应正确反映地貌的形态、类别和分布特征。高程注记点应测注在明显地物点和地形特征点上。高程点密度为图上 100 cm^2 内 5～20 个，高程点以米为单位，一般取位至 0.1 m，1∶500、1∶1 000测图可根据需要取位至 0.01 m。等高线采集应将测标切准模型描绘，在等倾斜地段，当计曲线间距小于图上 5 mm 时，可只测计曲线，并插绘首曲线。有植被覆盖的地表，宜切准地面描绘，当只能沿植被表面描绘时，应加植被高度改正。在树林密集隐蔽地区，应按调绘时量注的平均树高进行改正。

8.3.11 地物、地貌的比高或深度大于 2 m 时应量注比高。比高宜量注至 0.1 m。立体测注困难时，由外业量注。

8.3.12 按立体模型测图范围采集的数据，应先相互拼接，再按标准图幅范围进行数据裁切。接边应符合 8.6.2 f)和 8.6.2 g)的要求。

8.3.13 立体测图数据应先经检查再提供调绘使用。

8.3.14 提供给调绘使用的成果或数据中，要素的符号、颜色和注记设置应以方便调绘人员准确判读为原则。

8.4 调绘

8.4.1 调绘前应制订调绘计划，收集现势性强的各类专业资料，熟悉测区情况，研究测区特征，选择调绘路线以及人力分配。

8.4.2 调绘与立体测图、数据编辑应有效衔接，保证地形要素表达的完整性和准确性。

8.4.3 调绘前应对立体测图采集的数据进行检查。主要检查所采集数据是否有遗漏，采集、表示和取舍是否合理。

8.4.4 调绘应走到、看到、量到、问清、绘准，做到判读准确、描绘清楚、符号运用恰当、各种注记准确无误。

8.4.5 各类要素调绘的具体要求应符合 GB/T 20257.1 的规定，需要补充时，应在技术设计书中明确。

8.4.6 调绘可以采用以下形式：

a) 底图调绘，使用数字正射影像或者数字正射影像套合矢量数据作为调绘底图，也可将数字正射影像或者数字正射影像套合矢量数据按成图比例尺输出为纸质调绘底图，数字正射影像输出调绘底图时，像元尺寸不大于相应比例尺图上 0.1 mm；

b) 像片调绘，使用像片制作调绘像片，调绘像片比例尺视地物复杂程度决定，以保证判读和方便使用为原则，一般应不小于成图比例尺的 1.5 倍，地物复杂地区应适当放大。

8.4.7 底图调绘宜以标准图幅范围为调绘范围，以不产生漏洞或重叠为原则。像片调绘的调绘范围线要求如下：

a) 调绘影像之间应有 20%以上的重叠度，调绘范围线宜绘在相邻调绘片重叠的中心线位置，距原始像片边缘应大于 1 cm；全野外布点时，调绘范围线以图廓线为准，以像控点连线绘出，若有偏离应不大于 1 cm。

b) 平坦地区调绘范围线采用直线或折线；丘陵地、山地调绘范围线在调绘像片东、南边采用直线或折线，西、北边根据邻片立体转绘成曲线。

c) 调绘范围线应避免与线状地物重合或切割居民地，相邻调绘片的范围线之间不应出现漏洞或重叠。

8.4.8 调绘时应对已有数据进行实地核查，对错、漏等进行修改和补充；补调地物、地貌要素的属性和注记，以及内业无法获取的地理名称；补测立体测图无法或不能准确采集的要素，如阴影区地物、隐蔽和地形复杂部位地物，以及需要补测的新增地物等；最终形成调绘成果。

8.4.9 要素定位应基于要素影像位置，定位偏差最大不大于调绘像片上 0.3 mm 或数字正射影像的 3 个像元。

8.4.10 摄影后新增的一般地物可不补调，但新增的大型工程设施和变化较大的居民区、开发区等应进行补调或补测；航摄后拆除的地物，应在影像上标记。

8.4.11 测区周边调绘应保证满幅，自由图边应调出图外 4 mm(图上距离)，相邻调绘范围之间应接边。

8.4.12 调绘内容按 GB/T 13923 规定的要素类执行。要素属性调绘内容按 GB/T 20258.1 的规定执行，需要调整时，应在技术设计中明确规定。调绘时，属性值应标注在调绘像片或调绘底图上，也可记录在要素的属性表中，并在图面予以注记。

8.4.13 房屋调绘时以墙基为准。当屋檐、阳台宽度大于图上 0.2 mm 时，应在影像相应处注明实测宽度(量注取位至 0.01 m)，供内业进行屋檐宽度改正和阳台制作处理。

8.4.14 调绘成果使用的符号、文字及调绘成果的整饰宜参考 GB/T 20257.1 的规定，以方便内业人员使用为原则，应统一、清楚、易读、实用。具体要求在技术设计书中规定，必要时采用图例说明。

8.4.15 图幅名称确定的要求如下：

a) 图幅名称应选择图幅内最大居民地的名称，图幅内没有居民地时，可选注其他地理名称；
b) 同一测区内，不应有相同的图名；
c) 如果图幅内确实无地名时，以图幅内最高高地的高程作为图名，如“556.8 高地”；困难时可只注图幅编号；
d) 如该图幅已有出版图，则图幅名一般应与其一致。

8.4.16 军事设施和国家保密单位的表示，应符合附录 A 的规定。

8.5 野外补测

8.5.1 当立体测图无法达到高程注记点高程精度要求时，应野外实测足够的高程注记点，等高线由立体测图采集。高程注记点测量要求见 8.3.10，具体测量方法由技术设计书确定。

8.5.2 当由于云影、阴影等影响无法进行立体测图或处理，航空摄影出现绝对漏洞且不补摄，新增大型工程设施、大面积开发区或居民地变化较大等情况时，应进行野外补测。立体测图无法准确采集的城市建筑物密集区，亦可进行野外补测。可将阴影、漏洞等向外扩大图上 4 mm，确定补测范围。补测的地物、地貌要素，相对于附近明显地物点的平面位置误差不大于图上 0.75 mm，困难地区不大于图上 1 mm。补测的具体方法由技术设计书规定。

8.6 数据编辑

8.6.1 基本要求

8.6.1.1 数据编辑主要是依据立体测图成果、调绘成果进行要素数据的图形编辑、属性录入，图幅接边形成非符号化数据，非符号化数据通过检查后配置符号、注记进行符号化处理及图廓整饰形成符号化数据。

8.6.1.2 依据调绘成果、野外补测成果，对立体测图漏测的地物在立体模型下进行补测，对新增的地物进行采集，对被遮挡的地物进行编辑。

8.6.1.3 按照要素选取原则对数据进行编辑，做到不失真、主次有别、层次分明。

8.6.1.4 依据调绘成果对内业采集的房屋进行房檐改正和阳台制作处理。

8.6.1.5 全面检查和修改各类定位错误、遗漏、拓扑错误、图层错误、属性错误、要素关系错误、几何图形问题等错、漏现象。

8.6.2 非符号化数据编辑

非符号化数据编辑要求如下：

a) 各要素应保持位置准确和空间关系正确合理。
b) 实地连续的线状要素、面状要素应保持连续。构成几何网状的线状要素应保持结点的相交性、连通性。面状要素应合理闭合，不应有悬挂点；在一个面要素内应有标识点，标识点代码应正确；相邻面要素的边线应重合。
c) 要素数据层与属性表应正确，属性表应符合 GB/T 20258.1 的规定。
d) 要素的几何类型和拓扑关系应正确。

e) 依据调绘成果和相关资料录入要素属性值，属性值应正确合理。

f) 相邻图幅应进行接边，接边的处理原则是：

   1) 接边处相互位置偏差在限差范围内时，应优先考虑要素的几何形状，接边点可在限差范围内移动；

   2) 接边处相互位置偏差大于限差时，应分析原因，排除粗差后再作处理；

   3) 对于相邻投影带之间的图幅跨带接边时，需将邻带图幅进行换带投影变换，统一到同一带内进行接边，接边完成后再将邻带图幅变换回原投影带；

   4) 对于成图时间不同的图幅接边，接边偏差在限差范围内时，修改新数据，接边偏差大于限差时，分析原因，在确认新数据无误的情况下，修改旧数据，并在图历簿中说明；

   5) 在同一测区内，一般规定由本幅图负责与西、北图幅之间的接边。

g) 相邻图幅之间要素接边要求如下：

   1) 同一要素几何图形应在图廓线处无缝接边；

   2) 同一要素接边后应保持要素合理的几何形状，如输电线路、道路、等高线、水岸线等不应在接边处出现转折；

   3) 同一要素图形接边后应保证属性的正确性。

h) 非标准字应注明其汉语拼音，统一编码，并记录在图历簿中。

i) 图廓整饰要求可参照 GB/T 20257.1 的规定。

8.6.3 符号化数据编辑

符号化数据编辑要求如下：

a) 在图上加注名称及注记。名称及注记应符合 GB/T 20257.1 的规定。

b) 对非符号化数据符号化后不符合图式要求的部分应进行编辑、调整和处理，使用符号表示的各种地物定位点或定位线位置应准确，各类要素的制图表达、符号和注记应符合 GB/T 20257.1 的规定。图面应清晰易读，符号、注记密度应配置合理。

c) 符号冲突时，应突出表示主要要素符号，可视具体情况采取移动次要要素符号、共线表示、只表示主要要素符号、间断次要要素符号等方法处理次要要素。符号冲突处理应以不影响判读，且保持符号之间的相互位置关系为原则。当主次要素符号颜色差异较大，能够清晰判读时，可以用主要要素符号压盖次要要素符号，不作处理。

d) 注记不应出现压盖现象，当注记密度较大，且适当移动后也无法清楚表达时，可以择要取舍。

e) 注记与符号冲突时，应移动注记，尽量减少注记对符号压盖的影响程度。

f) 注记与符号在图幅接边处应进行接边处理，保持符号细节的连贯性。

g) 图廓整饰应符合 GB/T 20257.1 的规定。

9 相关文件制作

制作各成果的元数据，填写图历簿。元数据的填写内容应符合 CH/T 1007 的规定。图历簿内容包括图幅数字产品概况、资料利用情况、采集过程中主要工序的完成情况、出现的问题、处理方法、过程质量检查、产品质量评价等。元数据、图历簿内容应完整正确。

按 CH/T 1001 的规定编写技术总结。

10 质量控制

10.1 基本要求

10.1.1 技术设计应符合本部分的相关技术要求。

10.1.2 每完成一道工序应及时自检。

10.1.3 在完成自查的基础上分工序、有重点地进行作业组互检，也可分工作阶段进行。

10.1.4 成果的质量应依次通过测绘单位作业部门的过程检查、测绘单位质量管理部门的最终检查和生产委托方的验收。各级检查工作应独立进行，不应省略或被替代。

10.1.5 数字高程模型、数字正射影像图、数字线划图成果的位置精度可利用空中三角测量成果中的保密点进行检测，也可利用已有高精度成果进行检测。

10.1.6 根据需要以图幅为单位按比例抽取各类成果，野外施测检查地物点的位置精度。根据需要按比例抽取调绘成果，实地检验和对照，检查调绘精度和质量。检查比例由技术设计确定。

10.2 过程质量控制

10.2.1 准备工作

质量控制准备工作的主要内容：

a) 收集的资料是否齐全、准确、权威，是否具有现势性；

b) 资料分析和整合是否全面、准确，是否符合技术要求；

c) 技术设计是否科学、合理、适用。

10.2.2 定向建模

定向建模质量控制的主要内容：

a) 定向建模的精度(内定向、相对定向、绝对定向)是否符合技术要求；

b) 核线影像范围是否合理；

c) 核线重采样分辨率设置是否正确，重采样的方法是否正确。

10.2.3 数字高程模型生产

数字高程模型生产质量控制的主要内容：

a) 特征点线、水域线面及推测区采集的完整性和合理性；

b) 数字高程模型(DEM)是否切准地面，是否超出限值；

c) DEM 接边和镶嵌是否符合要求；

d) 高程是否异常，可利用左、右正射影像进行零立体观测，或利用立体测图采集的等高线数据分别与 DEM 内插等高线、晕渲 DEM 进行套合检查；

e) 各类参数(坐标系统、投影参数、格网尺寸、起止点坐标等)是否符合要求；

f) 高程中误差是否符合技术要求；

g) 格网高程值是否存在粗差，同名格网高程值是否符合技术要求；

h) 元数据、图历簿及相关文件资料内容的正确性和完整性。

10.2.4 数字正射影像图

数字正射影像图生产质量控制的主要内容：

a) 镶嵌是否合理，接边差是否符合技术要求；

b) 各类参数(坐标系统、投影参数、分辨率、起止点坐标等)是否符合要求；

c) 平面位置中误差是否符合技术要求；

d) 影像是否存在模糊、错位、扭曲、重影、变形、拉花、脏点、划痕等问题；

e) 测区内影像是否清晰，色调(色彩)是否均衡一致，无明显的像片拼接痕迹；

f) 保密处理是否符合技术要求；

g) 元数据、图历簿及相关文件资料内容的正确性和完整性。

10.2.5 数字线划图

数字线划图生产质量控制的主要内容：

a) 立体测图成果是否符合要求；

b) 数字线划图、数字正射影像图叠合检查；

c) 等高线、高程注记点与数字高程模型成果高程的一致性；

d) 调绘成果、野外补测成果是否符合技术要求；

e) 非符号化数据和符号化数据的编辑处理是否符合技术要求；

f) 数字线划图成果的平面位置中误差、高程中误差是否符合技术要求；

g) 保密处理是否符合技术要求；

h) 元数据、图历簿及相关文件资料内容的正确性和完整性。

10.3 成果质量检查与验收

10.3.1 调绘成果、野外补测成果的质量检查和验收的内容及要求应符合 GB/T 24356 的规定。

10.3.2 数字高程模型、数字正射影像图、数字线划图成果的质量检查和验收的内容及要求应符合 GB/T 18316的规定。

11 成果整理与上交

通过验收的成果按以下内容逐项登记整理并上交：

a) 成果清单；

b) 数字高程模型数据、数字正射影像图数据、数字线划图数据、元数据、图历簿；

c) 调绘成果；

d) 野外补测成果；

e) 分幅接合表；

f) 技术设计书；

g) 技术总结；

h) 检查报告与验收报告；

i) 非标准字登记表；

j) 其他相关资料。

成果上交的目录和文件组织由技术设计书规定。

附　录　A
（规范性附录）
军事设施和国家保密单位的表示规定

A.1　基本要求

A.1.1　军事设施和国家保密单位的调绘工作，应事先与有关单位联系，经同意后方可进入内部进行实地调绘，如不同意进入内部进行实地调绘，可采用室内直接判调的方法解决。

A.1.2　作业人员在工作过程中所看到的军事禁区和国家保密单位的情况，不得转告无关人员，严防口头泄密。

A.1.3　图上不表示的军事设施，应用与周围地形、地物相适应的符号进行伪装（如：稻田、旱地、房屋、森林、沙漠等），不能看出破绽。

A.1.4　除附录A中对某些具体地物提出的表示方法以外，其他均应如实反映地面的地物状况。

A.1.5　凡属保密单位，图上一般不应注记真实名称。

A.1.6　利用自然地形作掩体的洞库（如：武器库、弹药库、电机库等）以及地下的设施，图上均不表示。

A.2　各种试验基地

A.2.1　具体的发射、试验位置图上均不表示，用周围的相应植被进行伪装。

A.2.2　通往基地的专用道路：单线道路可如实表示；双线道路绘至最近的较大村庄，从村庄至基地的双线道路均降为机耕路表示；铁路绘至最近的城镇为止。

A.2.3　如若双线道路和铁路并非专用道路，而是经过各种试验基地又通往其他城镇时，则道路在图上应如实表示。

A.2.4　试验基地内的地面观测站、办公室、生活区等用普通房屋符号表示。

A.2.5　试验基地内的油库、仓库（包括洞内的油库、仓库进出口）、气象站、雷达天线、指示灯塔等，有房屋的用普通房屋符号表示，没有房屋的一律不表示。

A.2.6　图上名称可用公开名称进行注记。

A.3　飞机场

A.3.1　飞机场均应表示，在总范围内绘一飞机符号。

A.3.2　通往飞机场的道路均如实表示，内部道路择要表示。

A.3.3　显示机场总范围的铁丝网、围墙等垣栅，图上如实表示。

A.3.4　机场内的生活区以及其他类似的房屋，均用一般居民地符号描绘。

A.3.5　机场内的机窝（机库）、油库、气象站、管线、指示灯、雷达天线、指挥塔以及其他反映机场性质的设施，有房屋的用普通房屋符号表示，没有房屋的一律不表示。

A.3.6　民用飞机场的名称均以真实名称注记。军用和军民合用的飞机场不注记真名称，可用附近较大城镇名称作为机场名称进行注记。

A.4　港口

A.4.1　军港不表示码头。

A.4.2　通往港口的道路如实表示，内部道路择要表示。

A.4.3 港口内的办公区、生活区均用一般居民地符号描绘。

A.4.4 军港内的船坞、油库、气象站、雷达天线以及其他反映港口性质的设施，图上均不用符号表示，有房屋的用普通房屋符号表示，没有房屋的一律不表示。

A.4.5 图上港口名称：商港均用真名称注记；军港用自然名称注记。

A.5 军队营房、兵工厂、对外保密的国家机关

A.5.1 位于城镇居民地内部或周围时，图上用一般居民地符号表示。远离城镇单独构成一个建筑群时，图上可表示出其范围，内部建筑进行较大综合，外围的铁丝网、围墙等均用相应符号表示。

A.5.2 外部道路如实表示，内部道路择要表示。

A.5.3 图上名称：位于城镇内部或周围的，一般可不注记；远离城镇的可用公开名称注记。

A.6 军用仓库

A.6.1 武器库、弹药库、用品仓库、油库等均按A.6的规定执行。

A.6.2 洞库、地下库(包括洞库、地下库的进出口)，图上均不表示。

A.6.3 地面上的武器库、弹药库、油库等，有房屋的用普通房屋符号表示，没有房屋的一律不表示。仓库周围的围墙等垣栅用相应符号表示。

A.6.4 通往仓库的道路如实表示。

A.6.5 图上不注记任何名称。

A.7 靶场

A.7.1 靶道、炮位、掩体等图上不表示。

A.7.2 图上用公开名称注记。

A.7.3 靶场内其他地物均如实表示。

A.8 监狱、劳改机构

A.8.1 位于城镇内部或周围的监狱、劳改机构，用一般居民地符号表示。远离城镇单独构成建筑群的，一般也应如实表示，内部进行较大综合。

A.8.2 外部道路如实表示，内部道路择要表示。

A.8.3 图上采用公开名称进行注记。

A.9 军用通信设备

A.9.1 军事专用的通信线和通信电缆，图上均不表示。

A.9.2 军事专用的微波通信站只表示普通房屋，天线位置在图上不表示。

A.9.3 军事专用的无线电发射天线，图上不表示。

A.10 稀有金属矿

A.10.1 地壳中贮藏量少、矿体分散或提炼较难的金属，如钼、钒、钦、锉、稼、锢等，为稀有金属矿。

A.10.2 图上不表示矿井出入口。

A.10.3 露天采掘的矿场用乱掘地符号表示。

A.10.4 图上不注记任何名称。

A.10.5 其他地物均可如实表示。

A.11 兵要地志

A.11.1 地图上一般不表示直接与军队行动有关的兵要地志内容。

A.11.2 取消“制高点”名称，改为“地形特征点”，主要指山顶鞍部等位置。

A.11.3 岗楼、旧碉堡，图上如实表示。基地或阵地的岗楼、碉堡、地堡等，图上不表示。

责任编辑　李　静
执行编辑　余易举

中华人民共和国测绘行业标准
数字航空摄影测量　测图规范
第1部分：1:500 1:1 000 1:2 000
数字高程模型 数字正射影像图 数字线划图
CH/T 3007.1—2011
*
国家测绘地理信息局发布
测绘出版社 出版发行
地址：北京市西城区三里河路50号　邮编：100045
电话：(010)83543956　68531609　68531363　网址：www.chinasmp.com
三河市世纪兴源印刷有限公司印刷
新华书店经销
成品尺寸：210 mm×297 mm　印张：1.25　字数：33千字
2012年5月第1版　2014年5月第2次印刷
印数：1001—2000册

ISBN 978-7-5030-2600-3

定价：19.00元